AF260035

BIBLIOTHÈQUE SCIENTIFIQUE DU DAUPHINÉ

ÉLOGE

DE

ÉMILE GUEYMARD

Doyen de la Faculté des Sciences de Grenoble,
Ingénieur en Chef Directeur des Mines,
Commandeur de la Légion d'honneur, etc.

prononcé à la

RENTRÉE DE L'UNIVERSITÉ DE GRENOBLE

le 3 Novembre 1897,

PAR

F. RAOULT

Doyen de la Faculté des Sciences,
Correspondant de l'Institut.

GRENOBLE
Xavier **DREVET**, éditeur
Imprimeur-Libraire de l'Université et de l'Académie
14, rue Lafayette, 14
Succursale à Uriage-les-Bains.

ÉMILE GUEYMARD

R.F.

IK²
4423

BIBLIOTHÈQUE SCIENTIFIQUE DU DAUPHINÉ

ÉLOGE

DE

ÉMILE GUEYMARD

Doyen de la Faculté des Sciences de Grenoble,
Ingénieur en Chef Directeur des Mines,
Commandeur de la Légion d'honneur, etc.

prononcé à la

RENTRÉE DE L'UNIVERSITÉ DE GRENOBLE

le 3 Novembre 1897,

PAR

F. RAOULT

Doyen de la Faculté des Sciences,
Correspondant de l'Institut.

GRENOBLE
Xavier DREVET, éditeur
Imprimeur-Libraire de l'Université et de l'Académie
14, rue Lafayette, 14
Succursale à Uriage-les-Bains.

Emile GUEYMARD

Il est des hommes, en petit nombre, à qui il a été
donné de servir les intérêts de l'humanité tout entière ;
les nations à l'envi célèbrent leur gloire, et c'est justice.
Mais il en est d'autres dont on ne parle pas assez ; ce
sont ceux qui ont simplement mis une grande intelligence et un grand dévouement au service de leurs con-
citoyens et dont la renommée n'a guère dépassé les
limites de la province où ils ont vécu. C'est à leurs compatriotes qu'il appartient, quand l'occasion s'en présente,
de rappeler leurs noms avec leurs titres à la reconnais-
sance publique.

Emile Gueymard, né à Corps (Isère), le 28 février
1788, a été un de ces hommes ; et son nom mérite d'autant plus d'être rappelé aujourd'hui, qu'il a été l'un des
premiers professeurs de notre Université.

Lorsque j'ai été attaché à la Faculté des Sciences de
Grenoble, il y a de cela juste 30 ans, j'ai eu le bonheur
de le rencontrer au laboratoire et de travailler à côté de
lui. C'était alors un vieillard de 80 ans, causeur char-
mant, accueillant à tous et comme imprégné de science
et de bonté. Chaque jour, pendant près de deux ans, j'ai
eu avec lui de longues conversations qui ont été pour
moi autant de leçons; et c'est de sa propre bouche que
j'ai recueilli la plupart des renseignements que je vais
donner sur sa vie.

Au commencement de ce siècle, la petite ville de

Corps était entièrement dépourvue d'école et, pour en trouver une, il fallait aller jusqu'à Mens, à quelques lieues de là ; mais il y avait chez le curé et chez le juge de paix quelques vieux livres de classe. Emile Gueymard et son frère Victor-Auguste les empruntèrent, les lurent, les comprirent, et ils y puisèrent, outre une sérieuse instruction élémentaire, un goût passionné pour l'étude et cette légitime confiance en soi qui fait les hommes forts. Ils voulurent aller plus avant, mais, tout d'abord, ils rencontrèrent une difficulté qui, pour être très ordinaire n'en est pas moins grave : le manque d'argent. Pour achever leurs études il leur fallait aller à Grenoble ; mais comment y vivre à deux, quand les ressources paternelles, fort limitées, auraient à peine suffi pour un seul ?

Les deux frères résolurent ce difficile problème, grâce à des prodiges d'énergie et de sagesse. Ils louèrent, rue Barnave, une petite chambre, au-dessus du four d'un boulanger, ce qui les dispensait de faire du feu en hiver. Cette chambre n'avait qu'un lit et comme ce lit était trop étroit pour les contenir commodément tous les deux en même temps, ils en profitaient à tour de rôle, l'un travaillant pendant que l'autre dormait. Emile, qui avait déjà du goût pour la chimie, faisait la cuisine sur un petit réchaud.

Ces deux jeunes gens devaient, dans des voies différentes, illustrer l'Université de Grenoble.

L'un, Victor-Auguste Gueymard, devint avocat distingué, plusieurs fois bâtonnier de l'Ordre, professeur à la Faculté de Droit, et, pour comble de bonheur, il eut un fils digne de lui. Ce fils n'est autre que le Doyen honoraire de la Faculté de Droit, M. Alfred Gueymard, l'éminent et sympathique collègue que j'ai le plaisir de voir au milieu de nous, et dont, par un rare et heureux privilège, la brillante carrière a été pour ainsi dire calquée sur celle de son père.

L'autre, Emile Gueymard, celui qui doit nous occuper aujourd'hui, fut ingénieur en chef directeur des mines, professeur d'histoire naturelle et enfin Doyen de la Faculté des Sciences de Grenoble.

Après des études élémentaires faites dans des conditions aussi difficiles, mais où son énergie s'était toujours montrée supérieure aux obstacles, Emile Gueymard, armé d'un savoir d'autant plus solide qu'il avait été plus péniblement acquis, se présenta à l'Ecole polytechnique. Il fut reçu le premier, après des examens brillants. Il avait alors 18 ans. A 20 ans, il entra à l'Ecole des mines et resta constamment le premier de sa promotion ; enfin, à 22 ans, il fut nommé ingénieur de 2ᵉ classe.

Ses aptitudes exceptionnelles le firent immédiatement remarquer de ses chefs et, un an après, il fut envoyé à Genève avec mission d'explorer les richesses minéralogiques des départements du Simplon et du Léman. Marcheur infatigable, comme ceux de son pays, il visite à pied les mines et les usines ; il ne néglige aucun point. Chimiste exercé autant que minéralogiste et géologue, il analyse les eaux et les roches qu'il rencontre sur son chemin ; il recueille des échantillons, il prend des notes sur tout. Avec ses notes, il compose son important mémoire sur la minéralogie et la géologie du Simplon. Avec ses échantillons, il commence une collection minéralogique, qu'il devait continuellement accroître pendant 45 ans de course à travers les Alpes. Cette collection, la plus belle, peut-être, qui existe en province, appartient aujourd'hui au Muséum d'histoire naturelle de Grenoble, où tout le monde peut l'admirer.

En 1820, la Corse appauvrie, infestée de plus de mille bandits, se plaignait amèrement de l'abandon où on la laissait et demandait qu'on voulût bien s'occuper d'elle, puisqu'aussi bien, les traités de 1815 l'avaient laissée française. Le gouvernement, pour faire preuve de bonne volonté, résolut d'y envoyer un ingénieur avec mission de faire une enquête sur ses richesses minérales ; mais, vu l'état d'insécurité de l'île, cet ingénieur ne fut pas facile à trouver. Gueymard, informé de cette difficulté, se mit spontanément à la disposition du ministre.

Arrivé en Corse, Gueymard ne chercha point à éviter les bandits ; au contraire, il se fit présenter à leurs chefs, et il sut si bien s'arranger avec eux que, sous la garde des bandits, il put, dans la plus parfaite sécurité, étudier les roches de la Corse pendant huit mois. Il en

parlait avec plus d'éloges que des hôteliers du pays don*
il avait conservé, semble-t-il, un souvenir moins avan-
tageux.

Enfin, en 1824, Emile Gueymard eut la joie d'être
nommé ingénieur des mines du 14ᵉ arrondissement,
avec résidence à Grenoble. C'était la réalisation de son
rêve le plus cher, ainsi qu'en témoignent les lignes sui-
vantes qu'il a écrites dans la préface de son important
ouvrage sur la minéralogie du département de l'Isère,
en 1831 : « ... Habiter la terre qui donna naissance aux
Dolomieu, aux Condillac, aux Mably et à la Liberté, était
à mes yeux le plus grand succès que je pusse obtenir.
J'étais appelé à parcourir la terre promise de la minéralogie, cette terre classique, saluée par tous les savants
de l'Europe. Un vaste champ se présentait devant moi,
et je l'abordai avec le feu sacré de l'amour de la
science ».

A peine était-il arrivé à Grenoble, qu'une chaire d'histoire naturelle fut créée à la Faculté des Sciences. Il la
demanda, et, bien qu'ingénieur en activité de service, il
l'obtint sans difficulté le 31 août 1824.

A cette époque, beaucoup de professeurs de Faculté
cherchaient, dans des occupations accessoires, une amé-
lioration de leur situation matérielle. A vrai dire, même, le
plus souvent c'était la fonction à la Faculté qui constituait
l'accessoire. Par exemple, en 1825, et après la nomination
d'Emile Gueymard, sur les quatre professeurs que pos-
sédait la Faculté des Sciences, il y avait un ingénieur des
mines (c'était lui), et deux médecins praticiens : le docteur Bilon et le docteur Joseph Breton. Mais l'administration d'alors n'y voyait pas d'inconvénients, estimant
que la qualité d'avocat, de médecin ou d'ingénieur, était
plutôt de nature à augmenter l'autorité du professeur
devant le public et à l'intéresser aux besoins locaux.

Les fonctions multiples d'ingénieur des mines et de
professeur d'histoire naturelle à la Faculté des Sciences
auraient largement suffi à une activité ordinaire, mais
Gueymard ne s'en contenta point. Passionné pour la chimie, et surtout pour la docimasie, il eut la pensée de
fonder un laboratoire d'essais et d'analyses chimiques
gratuites. Pour cela, il fallait trois choses essentielles :

premièrement, un directeur bénévole, ce serait lui; secondement, un local, ce serait le laboratoire même de la Faculté des Sciences; troisièmement, des réactifs. Comment se les procurer? Gueymard les demanda au Conseil général du département, s'engageant, si le Conseil voulait bien en faire les frais, à exécuter lui-même, pendant toute sa vie, sans honoraires, ni indemnité d'aucune sorte, pour tous les habitants du département, les analyses et les essais qui lui seraient demandés. Le Conseil général agréa sa proposition et promit de payer, sur facture, les produits chimiques employés. Cela pouvait monter à 1,000 fr. par an, tout au plus. Il ne se ruinait donc pas. Mais, si faible que fut son concours, il était alors précieux, eu égard à l'excessive modicité des crédits alloués à Faculté, pour dépenses de cours et de laboratoire. C'est ainsi que Gueymard devint le fondateur et le premier directeur du Laboratoire départemental d'essais et analyses chimiques, qui a rendu tant de services dans le pays.

Capable de tous les efforts, il n'a faibli dans l'accomplissement d'aucun des nombreux devoirs qu'il avait acceptés, et il s'est montré supérieur à toutes les tâches.

Comme ingénieur, il a exécuté des travaux importants, dont plusieurs sont encore debout, comme par exemple l'ancien pont suspendu du Drac, l'un des premiers qui aient été construits en France, et qui est d'un type très rare. C'est lui qui, le premier, a amené des eaux de source dans la ville de Grenoble.

En 1823, le Conseil municipal de Grenoble se préoccupa sérieusement de fournir aux habitants une eau de bonne qualité. Jusqu'à cette époque, la ville, à l'exception du quartier Saint-Laurent, n'avait bu que de l'eau de puits, provenant généralement d'une première nappe, située à une profondeur de 2 à 3 mètres, et souillée par l'infiltration des eaux de surface. Beaucoup de médecins attribuaient à cette circonstance malheureuse les épidémies de peste et de fièvre typhoïde qui, à diverses reprises, avaient désolé la ville pendant les quatre derniers siècles; mais où trouver de l'eau plus pure et plus salubre? Gueymard fut d'avis qu'on la trouverait facilement et en abondance dans une seconde nappe d'eau, qui s'étend à une quinzaine de mètres de profondeur, dans toute la vallée de l'Isère; mais, en même temps, il déclara que l'eau de certaines sources, placées à proximité de Grenoble, serait encore bien préférable. Il désigna, en particulier, comme pouvant fournir l'eau nécessaire, les sources Darène et Lesage, situées dans la plaine du Rondeau, et il fit le devis des dépenses qu'exigerait leur adduction. Ses plans furent adoptés. Un an après, le marquis de Lavalette, maire de Grenoble, lui donnait l'ordre de commencer les travaux; en 1826, tout était terminé et la population de la ville était, pour la première fois, dotée d'une eau pure et salubre.

La justesse de vues de Gueymard sur la salubrité des eaux a été pleinement confirmée par les récents progrès de l'hydrologie, et son heureuse initiative a eu pour effet de faire renoncer complètement à l'usage de l'eau de puits, au grand profit de la santé publique.

Frappées d'un si beau résultat, d'autres villes du département voulurent aussi se procurer de l'eau de source, et elles trouvèrent tout naturel de s'adresser également à l'expérience de Gueymard. Celui-ci ne se fit pas prier. Il dirigea successivement la construction des conduites et des fontaines de Nîmes, de Chambéry, de Montmélian, de Saint-Marcellin, de la Côte-Saint-André, de Vizille, de La Mure, de Corps, et, nulle part, il ne voulut accepter d'honoraires.

En 1828, à la prière de Mme de Gautheron, il entreprit la restauration des bains d'Uriage, dont les eaux, utilisées par les Romains, étaient depuis longtemps perdues. Guidé par de nombreuses analyses chimiques, il retrouva et capta ces précieuses eaux minérales, et créa, enfin, cette charmante station thermale d'Uriage, dont la réputation est aujourd'hui européenne.

Comme professeur d'histoire naturelle à la Faculté des Sciences, Gueymard aurait dû enseigner la Zoologie, la Botanique, la Géologie et la Minéralogie. C'était beaucoup pour un seul professeur. Il lui parut même que c'était trop, et il se borna sagement à y enseigner ces deux dernières sciences. Il le fit d'ailleurs avec une grande distinction. De temps à autre, en été, il parlait bien un peu de Botanique, mais jamais il ne touchait à la Zoologie.

Un jour, l'Administration crut devoir l'inviter à ne pas négliger ainsi complètement cette partie importante de son enseignement. Gueymard, qui aurait pu donner d'excellentes raisons, se contenta de lui opposer la force d'inertie. Cette résistance passive, respectueuse, mais insurmontable, eut un heureux résultat, celui de faire créer, en 1838, une chaire spéciale de Zoologie, dont le docteur Alexandre Charvet, de respectable mémoire, fut le premier titulaire, et qui a été si honorablement occupée après lui.

A cette époque, les Facultés des Sciences ouvraient toutes leurs portes à qui voulait seulement se donner la pleine de les franchir. Tous les cours étant publics, le succès des professeurs, excepté pourtant dans les chaires de mathématiques, se mesurait au nombre des assistants. Les maîtres étaient donc obligés d'être intéressants, avant tout, et pour ne pas rebuter leurs auditeurs, ils en arrivaient fatalement à écarter systématiquement toutes les explications arides et techniques. Gueymard comprenait, mieux que personne, que l'enseignement scientifique, donné dans ces conditions, ne pouvait pas être suffisant; aussi avait-il soin de le compléter par des conférences bénévoles. Après chaque cours, et lorsque le public avait quitté la salle, les élèves les plus sérieux s'approchaient du maître et celui-ci, dans une causerie familière, sans jamais compter ni son temps, ni sa peine, leur donnait toutes les explications dont ils pouvaient avoir besoin. Il réussissait ainsi à atteindre deux résultats presque incompatibles, vulgariser la science et l'enseigner toute entière.

En 1844, Gueymard remarqua parmi ses disciples un jeune professeur du Lycée, âgé de 21 ans à peine, et qui montrait pour la géologie et la minéralogie des aptitudes exceptionnelles. Il s'appelait Charles Lory. Gueymard l'apprécia de suite à sa valeur, en fit son élève favori, lui prêta ses livres, lui prodigua ses conseils et le guida si bien qu'en 1847, ce jeune homme était reçu docteur ès sciences naturelles. Deux ans plus tard, en 1849, Gueymard prit sa retraite, et il eut la satisfaction de se voir remplacer dans sa chaire par ce même Charles Lory, qu'il savait si bien capable de continuer son œuvre. Les brillants succès de Lory le réjouirent comme ceux d'un fils et nul n'y applaudit plus sincèrement et avec plus d'ardeur.

En demandant sa mise à la retraite, Gueymard avait exprimé le désir de rester attaché à la Faculté des Sciences comme directeur du Laboratoire départemental d'essais et analyses chimiques, qu'il avait créé. Son bonheur, disait-il, serait de conserver ce poste, où il pourrait encore faire profiter ses compatriotes de la somme des progrès scientifiques et industriels laborieusement accumulés pendant sa longue carrière et, jusqu'à la fin de sa vie, de servir la science en faisant du bien pour elle et par elle. Malgré le mauvais vouloir de l'Administration, motivé par des raisons politiques, le Conseil général du département fit droit à la noble requête du savant, et celui-ci eut la satisfaction de conserver, jusqu'à sa mort, la direction de ce Laboratoire qui était la plus chère de ses fondations.

Pendant les 45 ans qu'il a passés dans ce Laboratoire, Gueymard a exécuté gratuitement 11,500 analyses chimiques, portant sur les matières les plus diverses, eaux, terres, engrais, minéraux de toutes sortes, et rendu ainsi des services immenses à l'industrie et à l'agriculture.

Gueymard laissait à d'autres le soin d'étendre le domaine de la science pure ; et, dans sa modestie, il se bornait à la faire apprécier en en montrant le côté utile. Ce grand savant, dont l'esprit avait exploré les régions les plus élevées de la connaissance, se plaisait aux applications les plus humbles. La vie matérielle, celle de tous les jours : le boire, le manger, le vêtir ; la distribution de l'air, de l'eau, de la chaleur; tout ce qui tient aux douceurs de l'existence, voilà l'objet constant de ses préoccupations, de ses travaux, de sa propagande. Il s'y donnait tout entier.

La métallurgie du fer, la pénétration et la conservation des bois, la silicatisation des pierres, l'écobuage, le soufrage de la vigne, la composition et le choix des amendements et des engrais, les assolements, le drainage, le regazonnement, l'ont tour à tour occupé; mais c'est incontestablement l'industrie des chaux hydrauliques et des ciments qui lui doit le plus. Il a été, en effet, le collaborateur et le continuateur de Louis-Joseph

Vicat, l'illustre ingénieur grenoblois, à qui l'on doit la découverte, précieuse entre toutes, des chaux hydrauliques et des ciments artificiels.

Bien avant Vicat, on avait reconnu que certains calcaires donnaient, par la cuisson, des chaux hydrauliques et des ciments, mais personne n'avait défini les conditions chimiques auxquelles les calcaires devaient satisfaire pour donner ces sortes de produits, et c'est à Vicat qu'appartient l'honneur de l'avoir fait avec autant de simplicité que de précision. Il aurait pu s'assurer, par un brevet, la propriété de sa découverte et acquérir ainsi une fortune colossale, mais il aima mieux la mettre à la disposition de tous. Un tel homme et Emile Gueymard étaient faits pour se comprendre; ils furent amis, et ensemble, dans le Laboratoire de la Faculté des Sciences, en vue de préciser les localités du département de l'Isère où l'on pourrait trouver des calcaires à chaux hydraulique et à ciment, ils se livrèrent à une longue et fastidieuse série d'analyses chimiques. Grâce à cette collaboration féconde, la fabrication des chaux hydrauliques et surtout celle des ciments naturels et artificiels a pris, dans les environs de Grenoble, une importance considérable et constitue aujourd'hui une des principales industries de la région.

Le mérite de ces travaux est encore rehaussé par la difficulté des circonstances au milieu desquelles ils se sont accomplis. On le comprendra mieux quand j'aurai fait la description du pauvre Laboratoire de l'ancienne Faculté des Sciences, où Emile Gueymard a passé plus de la moitié de son existence et d'où sont sorties tant de richesses.

A la fin de 1867, lorsque j'eus l'honneur d'être envoyé à Grenoble en qualité de professeur de chimie, je trouvai les Facultés installées à l'angle de la place et de la rue de la Halle, dans un ancien couvent de Dominicains.

La Faculté des Sciences n'avait qu'une seule salle de cours. Elle était basse et sombre et n'avait d'autre ornement que le souvenir des maîtres qui y avaient enseigné; mais cela suffisait pour la rendre imposante et fort belle à mes yeux. Il n'y avait également, pour tous les professeurs de la Faculté des Sciences et pour le directeur du

Laboratoire départemental, qu'un seul laboratoire, et ce laboratoire servait en même temps d'habitation à la concierge. Le professeur de physique, M. Seguin, y arrangeait ses instruments. Le professeur de zoologie, le docteur Charvet, y disséquait des lapins et y nourrissait des pigeons; le professeur de minéralogie, M. Lory, y cassait des cailloux et y débourbait des fossiles. Les deux préparateurs et l'unique garçon de laboratoire, sans doute pour éviter l'encombrement, n'y faisaient que des apparitions discrètes ; mais, par contre, depuis le matin jusqu'au soir, et à la meilleure place, la vieille concierge de la Faculté, la mère Debon, cousait ses sacs, faisait sa cuisine et donnait audience à ses amies. Au milieu de ce désordre, Emile Gueymard travaillait tranquillement.

A ceux qui se plaignaient, non sans raison, de manquer des choses indispensables à leurs travaux, il montrait, par son exemple, qu'on peut faire quelque chose avec rien ; qu'il est beau d'y réussir, sans aide, sans encouragement, malgré tout et malgré tous; et qu'on peut même trouver à cela un plaisir très réel.

Il n'avait pas d'aide. Il cassait, pilait et tamisait lui-même les minéraux à analyser. Il nettoyait ses ustensiles de ses propres mains.

Comme réactifs, il employait les produits du commerce qu'il purifiait lui-même, par économie.

Son matériel scientifique se composait de quelques fourneaux en terre et d'un trébuchet de poche, qui lui servait de balance.

Son mobilier se réduisait à un tabouret de bois et à un ancien comptoir d'épicier, acheté 11 francs dans une vente publique, qui lui servait de table. On y voyait encore, sur le dessus, les deux trous ménagés pour enfiler dans des tiroirs séparés les sous et les pièces blanches. C'était, malgré tout, l'un des plus beaux meubles du laboratoire. Avec un outillage aussi simple, il faisait ses analyses avec une précision et une rapidité étonnantes. Le plus souvent, il en menait six de front.

C'est là que, tout en filtrant, tout en pesant, Gueymard donnait ses consultations, ne faisant jamais asseoir personne, pas plus qu'il ne s'asseyait lui-même. Il parlait exactement de la même manière à tout le monde,

aux grands personnages, comme aux simples paysans.
C'était, pour tous ceux qui avaient besoin de ses avis, la
même simplicité, la même complaisance, la même urba-
nité.

Avec sa mémoire prodigieuse, son esprit d'analyste, sa
finesse native, son goût pour la causerie, il instruisait
constamment et sans y songer ; et c'est ainsi que, dans
des entretiens pleins de charmes, il m'a appris ce que la
chimie locale présente de particulier, d'intéressant, de
spécialement digne d'étude. Je n'oublierai jamais tout ce
que je dois à son affabilité et à sa science inépui-
sable.

Les publications de Gueymard comme ses travaux de
laboratoire ont eu constamment un caractère pratique.
Les unes ont été imprimées aux frais du département de
l'Isère et annexées aux procès-verbaux annuels des dé-
libérations du Conseil général du département ; d'autres
font partie de la collection des *Annales des Mines* ; d'autres encore se retrouvent dans la collection du journal
agricole le *Sud-Est*. Mais son principal ouvrage est
un traité en deux volumes, intitulé : *Statistique minéralogique, géologique, métallurgique et minéralogique
du département de l'Isère*, publication précieuse, où les
documents de toutes sortes abondent, et qui n'a pas été
remplacée.

Sachant que cet ouvrage ne tarderait pas à présenter
des lacunes, Gueymard provoqua la fondation d'une
société savante dont la principale mission devait être de
recueillir les matériaux destinés à le compléter. C'est la
*Société de Statistique, sciences et arts industriels de
l'Isère*, que tous les lettrés de Grenoble connaissent et
qui, aujourd'hui encore, est en pleine prospérité.

Au milieu de ces occupations, Emile Gueymard s'est
avancé dans la vieillesse avec sérénité. Commandeur de
la Légion d'honneur dès 1865, Doyen honoraire de la Faculté des Sciences, président de toutes les sociétés dont
il faisait partie, heureux de tous ces honneurs, mais
toujours modeste et simple ; entouré de l'estime et des
sympathies de toute la population ; non exempt de peines,
mais consolé par ses œuvres et content, après tout, de
sa part dans la vie, il s'est éteint à l'âge de 82 ans, le

premier jour de l'année 1870. La mort clémente, en se hâtant un peu, lui a épargné les angoisses de cette année néfaste et rien n'a troublé sa fin.

Nous devions cet hommage au professeur qui a, l'un des premiers, honoré notre Université, au Dauphinois, qui s'est dévoué à son pays, à l'homme dont la vie entière a été un exemple, et qui a montré à la jeunesse comment, avec de l'intelligence, de l'initiative et le désir d'être utile, on peut arriver à un degré d'estime très haut et qui équivaut presque à de la gloire.

COMPLÉMENT :

(1) « Ni l'offre de la chaire de docimasie à l'Ecole des mines de « Paris qui lui fut proposée en 1816, et sur son refus donnée à « Berthier, ni le grade d'Inspecteur divisionnaire qui lui fut conféré « en 1840, ne purent le décider à s'éloigner des Alpes, centre « préféré de ses études, pays auquel il avait voué toutes ses « affections. »
(Extrait du Discours de M. Baudinot sur sa tombe).

(2) C'est encore lui qui, à la prière de Fourier, organisa le captage des sources et la construction de la machine élévatoire des eaux de La Motte.

(3) Ses travaux sur le regazonnement, très remarqués par Napoléon III, lui ont valu, en septembre 1865, d'être élevé au grade de commandeur de la Légion d'honneur.

(4) Sur l'initiative de M. Edouard Rey, maire, la Ville de Grenoble a donné en 1883 à une de ses rues le nom d'Emile Gueymard.

(N. D. L'ÉDr.)

DÉSACIDIFIÉ
à SABLE : 1934

www.ingramcontent.com/pod-product-compliance
Lightning Source LLC
Chambersburg PA
CBHW051305050726
47595CB00008B/3416